U0260609

观念中的几何形

王 昀

中国电力出版社
CHINA ELECTRIC POWER PRESS

观念中的几何形如同一种初始设定
是人观念中的固有存在
观念中的几何形在聚落建造过程中无意识地流淌出来
并以空间形态这一对象物得以呈现
观念中的几何形是先于经验存在的
是人类表达精神性能够采用的唯一形态

目录

写在前面的话

  自 20 世纪八九十年代开始,我所做的一系列工作是试图将世界各地的传统聚落进行分类。通过对聚落平面图进行"观念图式"层级的抽取,将聚落的空间组成与人的观念相关联(参见王昀著《传统聚落结构中的空间概念》)。具体地是将世界上所有的聚落均视为人观念的投射结果,并以此为基本观点,对一系列聚落中的房屋进行抽象化处理,即将房子是草屋顶还是瓦屋顶,以及房屋用什么材料建造,处于怎样环境等问题退居为第二位,而直接地将房屋和聚落本体还原,并作为纯粹观念图式的表达所呈现的主体状态客体化,将聚落本身摆放到超越地域、环境及民族,作为共通的人的建造成果的位置,继而使世界上不同地域、不同民族及不同文化的聚落得以相互比较。

  在探讨过程中,当我们将来自世界各地的聚落平面图呈现在一张纸上并进行相互对比时,一个清晰的结论跃然纸上。那就是世界上充满千变万化的聚落形态,究其平面组成,事实上都是由两种最基本的形组合而成的,这两种基本的形就是"方形"和"圆形"。

  动物界的蜜蜂在建造自己蜂巢时均采用一种六角形的几何形,并以其作为基本的建造单元,那些表面上看似复杂的蜂巢不过是由这种六角形基本单元的重复所获得的结果。于是当将此现象与人类聚落中所呈现出的"方形"和"圆形"的基本单元相对应时,一个有趣的问题随之出现,那就是聚落中所呈现的"方形"和"圆形"究竟与人的关联如何?为什么人们在建造房屋时，会如同蜜蜂偏向使用六角形一样，偏向采用"方形"和"圆形"，而不是其他的形态？

这一切便是这本小册子所要讨论的问题。

本书将从对动物所进行的建造工作开始考察，将动物的建造与人的建造相比对，并从中发现和确立人观念中所存在的几何形。而一旦明确了人"观念几何形"的固有性及其"观念几何形"与"描述性几何形"之间的本质不同，人的精神性将如何表达便不论自明。

王　昀

2018 年 8 月于方体空间

第一部分
观念中几何形的发现

动物所建的房子

动物有一种不可思议的本能，那就是它能够自己解决自己的居住问题。有些动物甚至生来自带"房屋"，还有些动物似乎可以进行类似于某种观念性的建造。比如蜗牛的"房子"是随身携带的，海洋中的贝类早在 6 亿年前便开始拥有自己为自己所打造的石灰质的外壳。又比如海洋中的双壳纲贝类，本身拥有一种可自身分泌石灰石的能力，并能依靠某种氧化过程形成可随成长不断壮大的自己的"房屋"。

生活在陆地上的乌鸦及黄胸织布鸟等，似乎先天便拥有强大的编织能力，这些鸟类一族如同心灵手巧的手工艺编织者，能够巧妙地利用大自然中的植物根茎等杆状部件编织出自己的巢穴。又如栖居在澳大利亚的大亭鸟，不仅能够编织巢穴，还可如同环境设计师一般对其所筑成的巢穴周围进行装点，甚至还在巢穴的入口前铺上富有仪式感的甬道。

此外，还有采用泥土和草筑成如同山洞状巢穴的灶鸟，其与燕子和蜜蜂一样，依靠身体内部所分泌的液体，将周围的材料黏合。更有趣的是生活在欧洲的圆掌舟蛾，它居然能巧妙地将几片叶子作为支撑，在其间以吐丝方式编织形成一个幔帐，极其类似于建筑中的张拉膜结构。

观察这一系列动物为其自身所建的房屋，有两个问题随之浮出：一是这些不同种类动物所建的房屋，其建造方式不同，形态也不同。这一点似乎很容易理解，因为动物种类不同，房屋自然也就不同。而难以理解的是另外一个问题，那就是对同类动物而言，尽管其各自身处不同地域，身处不同国家，甚至分布在不同的大洲，然而其所筑造的巢穴从整体上看居然拥有相当高的相似性。典型的如蜜蜂，不难发现只要是属于蜜蜂这个族群，其所筑造巢穴的空间内部都拥有六边形单元的构造。同时，对蜜蜂而言，在筑巢时，这种不分地域、不分环境、不分国界而存在的六边形构造是一种与生俱来的能力？还是后天因环境而不得不做出的一种选择与回应？为什么同种类动物所建造的自己的家，彼此之间那么有规律性？产生这样一种有法则性的规律，其原因何在？

又比如生活在海底的鹦鹉螺，其所生成的房子，居然有一种能够按符合黄金比的螺旋展开线而进行的建造。其拥有如此精准的数学对应关系，难道是鹦鹉螺学习并掌握了数学？如果真的是它们学习了数学之后才建造了它们自己的家，为什么这些动物一下子就能够掌握如此关键、富于视觉美本质的"黄金比"构造而不是其他，它们难道真的能够如此准确地抓住重点和本质？

假如我们不太相信这一切是通过后天学习而获得的话，那么就必须承认，这些动物自身所拥有的这种能力是与生俱来的，它们之所以能够在世界各地建造出如此相似的房屋，是因为在它们的观念中存在着相似的家的概念、相似的家的造型、相似的家的建造方式和构造方式。更为关键的是，这些动物的头脑中应该存在着一种关于房屋建造的观念的几何形。也正是由于这种观念几何形的存在和控制，从而使得它们所建的巢穴，所氧化出的坚硬的螺壳房屋，成为其动物自身观念中固有几何形所呈现出的一种结果，是它们自身拥有的固有观念所投射出的对象物。从这个意义上来看，应该说，这些动物本身观念之中拥有一种生来自带的"先验"的几何形。

所谓先验是事先存在于观念中的，是先于经验的一种存在，其本身拥有不证自明性。也正是由于这种先验性的存在，并且由于观念中拥有一种如同初始设定的共同的几何形，于是才产生了相同动物所建的房子之间彼此拥有的相似性。

人所建的房子

上述一系列针对动物建造中所呈现的形态特征的考察，以及过程中所明示的动物本身所固有的先验几何学的存在，引发出我们人类是否如动物一样，会同样地存在着一种观念几何形的问题。假如我们的回答是肯定的，那么人的这种观念几何学的形态又是怎样的形态？是如同蜜蜂的六边形还是其他？

我们发现，对于动物观念几何形的发现来源于对动物自身所建房屋的观察而获得，由此可以推知，对于人的观念几何形的发现，似乎也应该到人所建造的房屋中去寻找。于是我们的视线便转而引向人类所进行的房屋建造活动之中。

打开世界建筑史，不难发现，其所记述的建筑大多是宫殿、寺庙和陵寝。记述的内容大多是技术发展及其如何对建筑本身造成影响等，诸如此类。而对于为什么及由于怎样的情形而选用了这种房屋形态，特别是对所使用的建筑平面图的形态来源问题则讨论得少之又少。同时，建筑设计者也似乎更多的是将建筑本身的外表及造型作为观察重点，对平面往往是直接绘出并使用，而并没有对平面形态的"发生"问题给予足够的关注。

如果说鹦鹉螺所拥有的精美双螺旋曲线造型源于鹦鹉螺类自身观念中的几何形的"引导"，那么，对人来说，若想能够究明其先于经验而携带的那个房子所呈现的是怎样的一种形态的问题，就必须对人类自身因本能建造所反映出来的那种形态及其所呈现出的形态本身进行观察。由此，我们的视线便又被引入人类自发建造的自宅和聚落之中。

房子是人观念的投射

实际上，人类所建的一系列建筑，大致可以归为两类：一类是前面所提到的建筑史中所关注的所谓设计师设计的建筑，这种建筑是以某种目的性为前提的建造，是一位设计师的一种空间观念所投射的结果。而另一类是没有设计师设计的建筑，是人类自发建造的产物，是人在无意识状态下，以满足生活而呈现的一种自由观念的流淌，是人依据本能，身体于无意识状态下在现实世界中所进行的投射结果。这种基于人的本能所进行的自发性建造活动，就是我们所说的聚落及聚落中的房子。换言之，聚落及聚落中的房子，从理论上讲事实上应该属于居民在"无意识"和"盲目"过程中所投射出的对象物。

在对这一系列没有经过设计师设计的聚落及聚落中的建筑进行调查的过程中，作为设计师的一种职业习惯，一直期待能够从所调查的聚落中找到一张当地居民在建房时所绘制的、类似于建筑师设计时所描绘的住宅设计图，或是聚落整体的规划图。然而在所有聚落的调查过程中，这张设计图却一直没能找到，而每当向聚落中居民们询问为什么没有图纸却能够建出这些房子时，居民的回答也非常干脆，那就是："房子在我的脑子当中"。

"房子在我的脑子当中"这句话，等同于告诉我：房子存在于居民本人的观念中，而所建出来的聚落，以及聚落中的住居，其本身实际上是居民观念中存在的那个观念性建筑的显现物。准确地说，就是房子在建成之前，房子本身已经在居民的头脑中观念性地形成了。而我们所看到的房子本身，事实上是存在于居民观念当中的那个房子的潜像以现实的实际尺度所完成的具体显现。这好比蜜蜂在建造自己的蜂巢时，在蜂巢还没有建成之前，蜂巢的形状和空间等已经观念性地在它们头脑中形成了，而我们所看到的蜂巢本身不过是蜂关于自身居住的概念的一种表现而已。

作为住居投射者的观念图的获得

既然房子是人头脑中概念投射的结果，那么将这个结果所画出来的图就是人大脑中房子的观念图。

作为一名聚落调查者，在进行聚落调查的过程中，理所应当地对聚落中的住居进行了一系列的测绘，在测绘的过程中，作为测绘者的我实际上是用我自己的身体去丈量了聚落中的每一栋住居，伴随着对聚落中的每一个住居所进行的测绘，其结果本身事实上也意味着丈量了整个聚落。

在丈量聚落中每一栋住居的过程中，我边走边测并在呈二维平面的白纸上记下了我测绘过程的轨迹图，这个轨迹图的记录本身就是所测绘的聚落住居和聚落的总平面图。

所测绘的这张聚落总平面图，其本身拥有两个层面的含义：一是专业层面上的，即作为一种调研成果的测绘图纸；另外一个层面是作为我对于聚落测绘过程轨迹的整体展示图，而这个轨迹图事实上也是作为调查者的我读解聚落本身建造的一个过程图。测绘中所做的，将测绘住居的轨迹一笔一划地画在图纸上的过程，事实上也正是聚落的居民们在建造时所采取的一土一木的建造过程。也就是说，测绘过程中，我所做的去丈量每个房屋并将其刻画在图纸上的过程，事实上也是聚落的居民们在建造过程中将自己身体的轨迹刻画在大地上的过程。

应该说，这些没有经过设计师设计的建筑，是人（居住者）在大地上所留下的其各自身体移动的轨迹，而调查和测绘正是对这种轨迹进行再阅读和进一步读解的过程，测绘过程与建造过程实质上互为镜像。

没有经过设计师设计的建造，是居民们为了居住本身所进行的本能性建造，是出于本真而留在大地上的痕迹，这种痕迹在过程中是没有办法被整体看见的，这个过程是伴随着无意识的流淌所留下的作为轨迹而呈现出的最终结果。应该说，这种轨迹的呈现是一种真正意义上的"无对象"的投射过程，而对这种"无对象"投射的结果所进行的记录与呈现，事实上也是对住宅投射者自身观念图的记录与呈现。

图1是我测绘的一个聚落，本来这个村子是没有平面图的，由于我的参与，这个村子有了这个作为居民整体观念投射结果而存在的平面图。

这张图是伴随我身体的移动，在图纸上将我所经历的轨迹中的点加以连线而完成的一个顶视平面图。如前所述，这张图纸的整体绘制过程，事实上也是我个人对每个村民的"身体像"进行记录的过程，是我用自己的"身体像"一次一次地与居民的"身体像"进行重合，并获得了整个聚落所有人的空间概念的过程。

由此，因由我的测绘而得到的这张图，实际上不再是一个简单的平面图，而是整个聚落居民意识空间的整体呈现。也由于聚落本身是空间性的，其中的房屋是三维的实体建筑，在这个测绘图中我所画的平面上的线不再是单纯的线，而是拥有竖向高度指向的线。

尽管一般情况下，接下来还会针对这张测绘图做进一步的加工。比如在图上加上屋顶的材料表示，将周围环境中的树木和地形等高线附上，以使这张图成为一张看上去显得真实的聚落平面图，并让普通人也能够看得懂。然而应该指出的是，所有后续的加工，其实无论如何都是建立在现场所测绘的，作为所有居民们的空间概念的集合而存在的这张测绘图纸的基础之上而完成的。

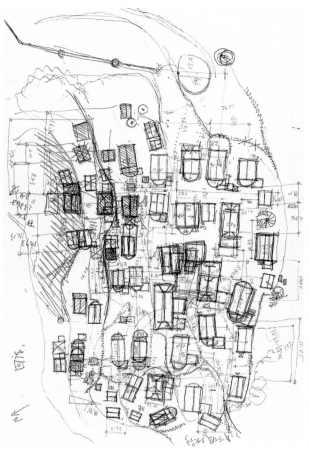

图 1 调查中所测绘的中国云南佤族聚落 "回库村"

空间概念图中共同的几何形的发现

　　既然在聚落调查过程中我所测绘的聚落平面图实际上就是所测绘聚落中居民的空间观念图，那么这个空间观念图也就必然地对应着聚落居民在观念中所拥有的关于房子的世界。应该说，聚落居民的观念图中隐藏着聚落居民观念中的形态。

　　本书开篇曾对动物所建造的房子进行了一系列的描述，过程中发现，动物的观念中的确存在某种固定的几何形（比如蜜蜂所建造的六边形蜂巢），而且这种观念几何形拥有某种相当稳定的结构特征。

　　我们都知道，聚落是人自身的观念所投射的结果，在投射的过程中，观念中的要素势必伴随着投射的过程而流淌到并隐藏在聚落之中。就是说，建造聚落时，每一个房子在建造前已经在人的大脑中形成或观念地形成了，我们所看到的房子的结果本身，不过是人头脑当中的那个房子在现实当中投射出的结果，我们所看到的聚落本身是居民观念的明示与结果的呈现。

　　如果说一个房子是一个居民概念投射的结果，那么一堆人聚在一起生活的聚落，实际上就是每一个居民概念当中那个房子投射结果的总和。当我们看一个和另一个聚落时，客观与事实上所看到的，其实正是没有经过建筑训练的聚落中的每个普通居民，在无意识过程中其观念几何形所投射及流淌出的结果。

　　沿着这样的思路，我们从形态层面对世界各地的聚落形态进行整理并对其加以解读，假如我们能够从这一系列聚落

图 2　非洲 Pomboka 聚落的空间概念图

图 3　中国农沙湖聚落的空间概念图

平面图中寻找出某种具有规律性的几何形，客观上也就如同从大量蜂巢形态中发现蜜蜂所拥有的观念几何形一样，亦即意味着发现并寻找出了人类观念中的几何形。

"方"与"圆"是人观念中的几何形

正如《传统聚落结构中的空间概念》一书中所列举的，在对世界各地聚落平面图构成的空间组成及空间概念图进行解读时，发现非洲的聚落平面多由圆形和方形房屋平面为基本形组合而成，比如 Pomboka 聚落的空间概念图（图2）。也有一些聚落，其平面主要由圆形房屋构成，如 Abalak 聚落等。

在对中国聚落观察时，发现绝大多数的聚落由方形直角的住宅平面组合而成，偶有一些由"方"与"圆"嵌合体所构成的形态，典型的如云南佤族的回库村。还有均由正方的平面住宅所构成的日月村，还有以大小方形组合而形成的农沙湖（图3是农沙湖聚落的空间概念图）。

印度聚落的平面几乎均被直角体系所充斥，住宅多以直角方形为主。

印度尼西亚的聚落以"方"及"方"与"圆"结合的形态为多。

中南美的聚落则以方形为主，几乎不见圆形。

巴布亚新几内亚如同非洲的聚落一样，也是由"方"与"圆"的结合而构成，比如 Luya 聚落，虽然住宅是"方形"，但聚落整体平面却是围合成"圆形"布局。此外还有 Mando 是由"方"与"圆"结合的巴布亚新几内亚聚落，其本身与非洲聚落的平面组合相类似。至于中东和欧洲，大量使用的是"方形"住宅平面并由此构成的聚落。

综合上述各地聚落的空间特征，我们可以清楚地看到，作为由观念所投射出的一系列聚落形态的结果中，只存在"方"与"圆"两种形态（当然图纸中也有长方形，但可以认为这种长方形是两个方形叠加的结果。图中也有椭圆形，这种形可以认为是"圆＋方"的结果）。

有意义的是，上述这个结果的获得，是在整个世界的聚落范围中，是从不同民族、不同地域的聚落当中所发现的相同表达。从这个意义上，可以说，这种方与圆的几何形本身存在于人的观念中，对任何人都是客观存在的，是一种超越空间、超越时间、超越民族，具有观念性的表达，并不需要以是否学习过几何学为前提，就如同贝和海螺自身所投射出的一种非常具有规律的展开螺线一样，"方"与"圆"是人类固有的一种建造方式，如同六角形存在于蜜蜂的观念中，螺旋线存在于海螺的观念中一样，"方"与"圆"是人观念中的几何形。

第二部分
平面的精神性与空间的精神性表达

作为精神性图形呈现的"方"与"圆"

如前所述，人在进行聚落建造时，是依其自身对生活的理解，用其自己的身体在大地上进行投射所留下的"划痕"结果。在这个过程中，人所建的房子是一种空间概念流出的结果，是人身体所支配的范围及彼此之间身体相互支配的平衡关系在"世界"所留下的痕迹。

房子是人大脑中的空间概念在现实当中投射的结果，恰如蜜蜂所建造的六角形蜂巢是蜜蜂头脑中作为观念而存在的六角形本身的具象化一样，聚落中所显现出的几何形，实际上就是人大脑中观念几何形的物像化。如同蜜蜂头脑中存在的六角形是生来具有、先于经验的存在一样，人大脑中的几何形同样也是先于经验的一种存在。

由于每个居民均以相同的方式进行建造活动，在世界中固化着人与人之间的空间关系。因此，客观上，聚落的平面图事实上就是这种被固定下来的空间所呈现出的一种图形，这种图形本身是聚落中每一位投射者的精神世界的展现，是聚落中每一位投射者观念中先验几何形作为显现物而呈现的表象，其所构成的"关系"构成了一个整体，成为表达着人的精神世界的形态。可以说，"方"与"圆"是人观念中的先验几何形，这种拥有先于经验的几何形的存在，其本身就是一种精神性存在的标志，而使用这种精神性存在的几何形所进行的一系列表达，客观上构成了精神性表达。这种来源于精神深处的"方"与"圆"，客观上是一种拥有精神性的先验几何形。

测绘的平面图所呈现的是一种"无视觉"划痕

如果说聚落及聚落中房子的平面图是人在无意识建造过程中投射轨迹结果的一种呈现，是测绘者本人在空间中对建造者的投射源进行读解的过程记录，那么所测绘的图纸本身事实上就是对那些聚落居民所进行的一系列"无对象"的投射结果所进行的记录（相关论述请参见笔者所著《无视觉绘画》）。

前面已经详细论述过，在对聚落中的房子和聚落平面图进行记录的过程中，当面对眼前一个具体建筑时，需要记录的是这个房子的平面图。而对于由一群房子所构成的聚落来说，测绘聚落的平面图，就是对这一群人因投射而产生的对象物进行测绘与记录。

在对这些"无视觉"划痕的结果所进行的测绘过程中，建筑师是携带自己的身体来完成的，也正是因为如此，建筑的草图本身具有类似于"笔迹学"的含义和特征。

依这样的判断，如果说人在建房子时所绘制的草图是人的意识空间投射的结果，那么我设计的草图，事实上就一定是我个人的意识空间投射的结果。

考虑到测绘本身是将之前的人的意识空间的投射所做的再次记录的行为，因此，所绘制的图（亦即之前的人的建造图）便是作为一种空间潜像表达而使意识流出的表征。

呈现观念几何形的平面图与精神性绘画

由于聚落这个居民们留在大地上的"划痕"的生成是由

18

一群人彼此之间根据自己的身体性来进行的一种身体空间上的投射，同时划痕本身拥有平面性及绘画特征，于是一种新的、表达人的观念与精神的聚落平面图的绘画或可由此产生。

图 4 是由非洲 Rougoubin 聚落空间概念图直接转换的绘画，可以看到构成这个聚落空间概念图的典型形态就是"方"与"圆"（图中的长方形可以认为是两个"方"叠加所构成）。而这些所谓的聚落空间概念图，事实上已经被抽象为人类在大地背景上所留下的一种纯粹的点、线、面的空间关系。

联想到绘画本身实际上也是在一个白纸上所进行的点、线、面的涂抹，而这种举动事实上与我们在一张白纸上绘制聚落空间概念图（平面图）的过程和举动是一样的。由于聚落本身是人观念中的形态所投射出的对象物结果，因而聚落本身事实上是人的一种纯粹性的精神性表达。

聚落平面图在绘制的时候原本并不是一张画，因为原本画在聚落平面图纸上的点、线、面，表达的是这个聚落当中房子和房子之间的关系，是现实聚落中空间和空间之间的关系。然而由于这种画在聚落平面上的点、线、面，客观上是作为二维平面中的一种划痕而呈现的，从绘画的视角，调查时所测绘的聚落平面图，其本身拥有绘画性。

尽管作为测绘结果而呈现的聚落平面图，其图纸上所表达出的由点、线、面所构成的结果，与绘画中的点、线、面构图本身具有相似或相同的视觉效果，但必须指出的是，绘画当中的点、线、面只是二维平面的点、线、面，而聚落平面图当中的点、线、面的关系，虽然视觉上呈现的是二维的，

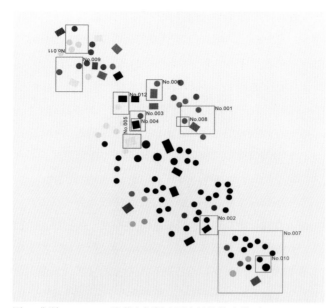

图 4 非洲 Rougoubin 聚落空间概念图直接转换为绘画

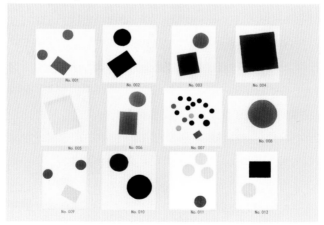

图 5 从非洲 Rougoubin 聚落空间概念图中抽取出的绘画

但其所拥有的意义却是三维的，其本身是具有空间性的点、线、面（图 5）。耐人寻味的是，一旦我们将这样的一种点、线、面的空间关系与聚落平面图相对应，将聚落平面图作为一种绘画来呈现，便会相应地提示设计师，其实设计师们在设计时所画的所谓的图案，或者说他们画在平面图当中的那些点、线、面，事实上应该是用其身体完成的投射轨迹，应该是用其身体来进行的拥有空间维度的"绘画"。

空间的平面性与平面绘画的空间性

　　"聚落平面图中的绘画"本身所具有的，在维度上超越了平面绘画在维度上的意义本身，明示着二维绘画在制作时所采用的构图、平衡等美学法则完成的仅仅是一种作为"图案"而存在的"构成"，但平面"构成"本身并不意味着空间，有空间意义的平面图在维度上比二维平面绘画高出一个维度。

　　由于聚落平面图中的结果是人的精神世界所投射出的结果，运用的是观念中的几何形来加以组织，因而其由聚落平面图本身转化而来的绘画拥有精神性，可以说使用观念几何形的绘画，是一种精神性绘画。

　　在对一系列从聚落平面图到绘画的转化试验过程中，我曾在《聚落平面图中的绘画》一书中有过如下关于"空间的平面性与平面绘画的空间性"的思考。

　　呈现为二维平面状态的聚落平面图，是聚落中所有居民"空间概念"的"集合"，同时也是生活在聚落中的那些居民们自身整体"经验"的诗学呈现。尽管从表面上看，聚落平面图本身所呈现的状态是一种二维的平面状态，究其内容，也是以"点、线、面"为基本形式所构成的"图案"，或许这些图案还是一个"美丽"的图案，但拥有建筑学含义的聚落平面图中所呈现出的这些"图案"，其实与通常平面绘画中所意味的"画面"与"图案"不同。这些拥有建筑学意义的平面图所呈现的以"点、线、面"为基本形式所构成的"图案"，究其本质，乃是拥有三维深度、四维指向性的空间表述与形态呈现。

在对拥有建筑学意义的二维平面图进行观测时，二维平面图本身具有让人在意识中完成从平面世界到空间世界过渡的功能，同时还能够让人从二维平面图中那些由"点、线、面"所构成的聚落平面图的"画面"与"图案"中，获得一种潜在的空间感受。

我们在这里所提到的空间、平面，是一种针对"自己"（或处于镜像状态的他者）的经验所进行的描述。

拥有建筑学意义的平面图中呈现的"点、线、面"本身，是作用在头脑中的划痕，也是在意识中针对空间关系的表述所采用的记号。这些记号本身对应着现实中"物"的位置，对应着与现实中"物"与"物"之间的相互关系，表达着意识中对于"空间"的想象表述以及意识中所谓"空间"的构成与组合。

一旦我们这样去思考聚落的平面图，瞬间，我们会将自己的身体直接投射到二维平面中，投射到那些由"点、线、面"图像关系所产生的"空余"（或"余白"）中，并会瞬间体会到自身的身体正频繁作用于自身的意识中，与那些制造着"空余"（或"余白"）的"点、线、面"图像本身产生碰撞，进而也就完成了拥有建筑学意义的二维平面图本身所具有的能够唤起"空间感"的含义与功能。

如果我们在这个层面上去理解平面图，并由此扩展到仅仅关注聚落平面图纸的表象，那么，聚落平面图中所呈现的"点、线、面"关系，在表述其自身整体拥有能够与现实空间世界相互对应和相互指向的功能关系的同时，还可进一步启发平面图本身所拥有的在绘画层面上的含义和内容。通过平面图本身与空间之间的转化关系，进一步提示我们，其实可以从单纯的平面绘画中去捕捉一个充满建筑含义的空间世界。

沿着这样的逆向逻辑推演，并进而反复思考，这种拥有空间指向性，呈现为由"点、线、面"所构成的二维平面的图案表象，恰恰间接地证明了：绘画本身，不，是抽象绘画本身，只有并必须站在空间的角度，以空间的视角去构思和理解，才能够真正使抽象绘画本身产生意义。进一步而言，上述一切思考，也恰恰造就了拥有空间含义的聚落平面图本身，其可以并能够天然地成为兼具平面和空间意义绘画的开始。

当我们将有空间含义的聚落平面图"降维"（即降低维度）并等同于二维绘画时，不难发现，聚落平面图的绘画本身具有一个非常重要的特点，即每个平面图的内容并

图 6 "回库"聚落的空间概念图

不是单纯的平面图形，而是一种从顶部向下，并且纵深与顶面重合、纵深空间的下部被上部遮蔽之后的空间状态；而这种遮蔽使每个平面的、纵深的高度拥有了多样性和不确定性，从而自然也就具有了丰富性。同时由于地面的消失，原本极具重力特征的空间体块具有了漂浮感。而一旦将聚落的平面图中的空间体块转换为悬浮于空中状态的"点、线、面"的绘画世界，一个广奥宇宙的空间世界将会扑面而来。由此，空间的平面性与平面绘画的空间性也就在这样的瞬间得到最终的完结（图6）。

呈现观念几何形的平面图与至上主义绘画间形式上的相似性

由聚落的平面图转换而来的绘画，是一种纯粹的具有精神性表达的绘画。

这是因为聚落本身是人固有的空间观念投射的结果，而客观上所呈现的这种几何形态的构成关系源于人的观念，同时也直指 20 世纪至上主义绘画所追求的方向和目标。

我们在《无视觉绘画》一书中，曾对马列维奇的理论及绘画进行了分析，论述了其所谓的至上主义，实际上是对东正教具象的"圣像"本身进行了涂抹式处理，结果呈现着一种无具象视觉的形态，是一种无对象绘画，只不过马列维奇的"无对象绘画"的提出，事实上并非真正意义上的"无对象"。因为其进行绘画的过程本身有视觉的加入，有意识的参与。而对于绘画来说，其绘画过程是出于意识还是无意识，在绘画时是有视觉还是无视觉，其结果事实上有着质的区别。

图 7　笔者大脑中的意识空间在现实中投射的结果呈现

聚落平面图的绘画是人类共通的观念形态的呈现，是一种精神性的绘画。

现代艺术与现代建筑共同的方向是追求人类的共通性表达，而对聚落的分析，以及采用数理方式对聚落平面图的分布的规律性进行归纳和梳理本身，与现代绘画不谋而合。

观念几何形与精神性空间

既然聚落是人观念投射的结果，同时我们从所调查的聚落平面图中还抽取出了"方"和"圆"的几何形。那么这种"方"和"圆"的几何形就是人的观念的几何形，就是人因由"投射"所生成的一种空间关系。而这种因由无意识状态而生成的关系，也是真正的"无对象"的结果，这种从三维向二维的转化，实际上也提示着人们从二维向三维"升维"的方式和方法。

聚落中的居民在建房子时，将自己的空间概念直接投射转换为房子，一系列房子进而聚合成聚落。由此不难理解，如果从真正的创作角度来看，作为设计师，应当将自己观念中的"像"投射到现实世界中，从而使房子本身成为作为观念投射的对象物结果而呈现，这种运用观念几何形所投射的对象物本身是一种拥有精神性的表达。

值得说明的是，传统聚落是由一群人"无意识"投射出的结果，所形成的作为投射结果而呈现的聚落空间本身，是人自身观念几何形自动开启和流淌的结果，其结果本身具有生来拥有的精神性。

据此，如果建筑师的设计同样可以自由地开启其自身观念中的几何形，任其投射流淌，其所获得的便是一种一个人的投射结果，是一个人的精神性表达。而如果这一个人所投射的结果使用的是观念中的几何形，那势必将会获得同类的理解和正确解读（图7）。

当建筑师的设计不再是模仿周遭，而是进行真正的建筑创作，其大脑中的世界、大脑中意识空间的展现才是真正的创作，简言之，由建筑师的手在二维世界中所画出来的、所投射出的那个"无对象"世界的结果，是建筑的最本质的东西。

第三部分
思考的延伸

为什么会用几何形

日常生活中，随手画出"方"和"圆"往往被认为是理所当然的习惯，似乎并不需要任何额外的思考。建房子时也是如此，即在使用"方形"或"圆形"平面时似乎也是自然而然的，而并没有感觉有任何必要思考"为什么是这样"。

对中国来说，汉字中的"房"字本身由"户"和"方"组合而成，似乎也在说明"房子就是方的"这一不争的事实。

然而，是什么时候，在什么情况下，是谁第一次提出了"方形"和"圆形"这样的概念？又是谁首先使用了方形和圆形的几何形作为住宅的平面？其创立人又是谁？他使用这两种平面形态的瞬间是出于怎样的原因？解决了什么问题？这样的方形和圆形又拥有怎样的意味？尤为重要的是，这样的平面居然一直延续使用至今，并作为理所当然的形态传承下来。

这样一种看似理所应当并被随意使用的几何形，事实上是一个伟大的发明，最初使用它的那个人，同样也是一个伟大的发明者，并且他的这种发明与既有观念密切关联。

为什么会采用这样一个方形的几何形态来作为我们生活展开的平面，作为解决生活问题的手段？道理很简单，那就是这样的平面是我们人本身能够掌握的，是既存于我们人的观念之中，具有先验性，能够被投射出，并能够被感知的一种形态。这样的形态，恰恰如同聚落中的居民们所说，"房子在我的脑子当中"，是能够被想到，或是能够以此想明白的一种空间形态。而这样一种存在于观念中的形态，通过建造过程投射出来并以现实中的房子为结果而呈现。

"方"和"圆"的几何形与人的关系

　　聚落平面图中所展现的"方形"和"圆形"与人自身的坐标系密切关联。圆形平面的形成，实际上是以人为中心，以人的支配距离 b 为半径环绕一周而形成的结果（图8）。

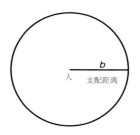

图 8 人与支配的距离

　　方形则是人身体"坐标"存在的结果。我们都知道人是直立于大地之上的，因而其自身自然地形成"左""右"和"前""后"的直角坐标，"左"与"右"的存在，规范了对称的感觉，前后的关系，确立了前面的视野的范围。由此，人类以建住宅的方式在大地上留下"划痕"的过程，实际上就是人身体的坐标在大地上的定位过程。而这种坐标投射到大地上，自然就会形成一个"直角"的世界（图9）。

　　也由于聚落是人居住的场所，聚落中的住居是居民意识中的房子在现实中所投射的结果，人的坐标自然地也必然伴随着建造过程自然而然地投射到住居之中。

　　世界各地聚落所使用的基本的平面形态由"方形"和"圆形"

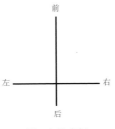

图 9 人的坐标

所构成。如果从住宅立面造型的角度来看，三角形也是存在着的。值得注意的是，三角形本身并没有作为房子的平面使用过，而是作为立面或剖面来使用。

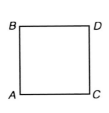

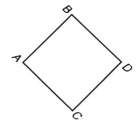

图 10 正方形　　　图 11 正方形 旋转 45 度角后为菱形

　　于是，当"方形"平面和"圆形"平面的房子立面中呈现三角形时，在我看来或许是由于将方形转换了一个角度而进行的感受性的"观察"结果，比如图 10 所示方形 ABCD，转换 45 度角后就会成为菱形 ABCD（图 11），而由于人的视觉生理特征及对于对称性和垂直性的期待，BC 成为心理上的隐形分割线，并造成了菱形是由两个三角形拼合而形成的感觉(图12)。当然这里也并不排除在建造中或其他实践过程中，由于三角形本身所拥有的稳定性，人类发现并获得了这样的"三角"的几何形，但其并非来源于人观念中的几何形。

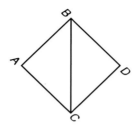

图 12　菱形与三角形

人类是依靠"方"和"圆"这两种在观念中固有的并先于经验而存在的几何形去认识和理解世界的。进一步地说，人们在认识世界时，事实上是在用自己大脑当中固有的观念几何形去衡量、认知及组合世界的各种形态，通过观念中的几何学去衡量和认识自然界，并最终完成对世界的整体的认识，而这一切自然地在客观上也构成了人的局限性。

两千多年前，古希腊的欧几里德发现了几何学的存在，这种欧几里德几何学之所以被发现是因为当人们以观念中的几何学去衡量世界时，世界呈现出一种规律性。人们将这种基本规律加以总结整理，形成了最终的欧几里德几何学，然而也正因为欧几里德几何学本身涉及人固有的、观念中的几何形，呈现的是人的"初始设定"，是一种"主观的几何学"，因此其与后来的因经验而拓展的"经验性的几何学"有着"质"的不同。

应该说，欧几里德几何学中的很多内容拥有一种不证自明性，而这种不证自明性的存在，恰恰是因为这种几何学是属于人的、存在于观念当中的先验几何形，也正是因为这种先验性无法证明，所以也只能将其作为公理来设定。

理解了这一点，我们对聚落的认识，将不再停留于表面的形态，而会从观念层面上对聚落中所呈现的形态及意义进行把握。

欧式几何的五条公理

既然"方"与"圆"是先于经验的存在，属于人观念中所固有的形态，并且这种固有性是不需要证明的，这事实上也恰恰成为欧几里德几何学公理的旁证。

欧式几何的 5 条公理如下：

1. 任意两个点可以通过一条直线连接。

2. 任意线段能无限延长成一条直线。

3. 给定任意线段，可以以其一个端点作为圆心，该线段作为半径做一个圆。

4. 所有直角都全等。

5. 若两条直线都与第三条直线相交，并且在同一边的内角之和小于两个直角和，则这两条直线在这一边必定相交。

第 5 条公理，也称为平行公理（平行公设），可以导出下述命题：

通过一个不在直线上的点，有且仅有一条不与该直线相交的直线。

所谓公理，就是人类理性中不证自明的基本事实，是在根源性原理基础上形成的结果，是不需要再证明的基本命题。

从上述 5 条公理中我们不难发现，第 1、2 条公理与直线有关，第 5 条公理是关于平行线的问题，而第 3 条公理、第 4 条公理和第 5 条公理其实是与"方形"和"圆形"及"三角形"有关的。因为公理 3 是一个圆，公理 4 是一个直角的方的几何形，公理 5 是三角形，这三条公理与完整的几何形态有关，而其他的公理均与完整的形态无关。

"方形"与"圆形"的观念几何形是人类共通的形态语言

建筑作为一种观念投射的结果，作为一种时间和空间的固体化结果，其所使用的"方形"和"圆形"的几何形态，一定存在于最初的创建者的观念之中，其形象本身源于人内部的起源，是一种理念客观性所投射的结果。

在远古时期，当什么都没有的时候，人类为了自己的生活，他们所做的一切，实际上都是一项又一项新的发明。那时，当人面对森林，面对石头，在没有加工所使用材料的前提下还要将这一切变成对象物，当时的人将这些东西进行建造组合并生成新形态时，其实一切都是一种精神性、观念性投射的结果，都是一种精神性的创造。

试想，当人进行建造的时候，当第一个人要建一个房子的时候，他所想的问题是用一种什么样的形态来做成房子这个对象物。同时，人们彼此之间又是如何接受了这个第一次投射出来的几何形，并将这样的一种形态不断地延续下去。

这一切对于过去的人而言其实是一种发明，而这些人是真正的发明者。而随后众多的人能够把所发明的这种形态作为一种传统延续下来，则恰恰说明了对于所有人来讲，这种形态不仅可以被接受，并且还满足了人观念中的想象，也正是由于人们观念中想象的共同性，从而才能使人类彼此有共同的认知，并作为人的一种形态语言加以使用。

"方"和"圆"这样的基本几何形态，是世界上几乎所有聚落共同呈现的形态，这样的语言本身是具有世界性的语言，是人类一种共通的语言。

在这个世界上不单纯只有我们自己，同时还有其他人存在。为了让别人、让对方能够理解我们自己，让彼此之间得以相互沟通，最重要的条件是大家要有一种共同的意识存在，如果没有了这样的一种共同的意识，彼此之间的交流是不可能的。因为只有拥有了共同性，当一方感情移入某一个对象物中时，其他人才能将这种被移入的感情从对象物中读解出来，做到相互理解，由此人和人之间才能交流。

从这个意义上讲，聚落中"方"和"圆"的几何形的应用，是作为人彼此之间能够引入感情的同时还能够做到互相理解的一个基本形态。

也正是因为如此，当谈到房子的时候，人们首先想到的是以人为前提来讨论，并且是以正常人为前提的。当然，异常者和孩子们的世界或许有所不同，而正因为把大家都放在成人这样的一个公共的平台上，我们这个概念才会成立。

"描述用几何学"与"观念几何学"

论及至此，头脑中不禁会产生这样一个问题，那就是，如果说欧几里得几何学中所描述的方与圆的几何形是观念几何形的话，那么后来在一定时期使用的大量其他形态几何形，比如说椭圆，比如说其他几何学所做的描述终究该做怎样的判断？

前面已经谈过，欧几里德几何学是人观念中的几何学，聚落中的"方"和"圆"是人在建造过程中从观念中投射出来作为最终空间结果所使用的一种几何形。而客观世界有非常多的物质形态，包括蜜蜂的蜂巢、植物的形态等，同时人的学习能力与模仿能力，以及人分析问题和解决问题的能力，使得大量并非属于人类观念的几何形，通过使用观念中的几何形，对其理解、总结和使用成为可能。正因如此，大量在后期所使用的几何形，实际上是试图对自然界中的现象进行描述而使用的，而当试图去描述客观的对象物时，所采用的基本公理又是以观念几何形为基础的。而这也是对于复杂几何形的学习先从欧几里德几何学入手，并将其作为一种基础的原因。

至此不难理解，观念中的几何学是道具，是先于经验而存在的公理，是人类的初始设定。而后来建立在公理之上的几何学，是利用人的先验性的道具对对象物进行解释的手段和方法，更是人类初始设定的表达人类精神性的唯一语言。

据此，我们人类找到了自己观念中的几何形，进而也就理解了什么是观念的投射，什么是对象物的模仿。应该说，投射和模仿在空间维度上属于两个不同的层面。

经验性几何学形态，或带来视觉的愉悦，或引发理性思考，而观念性几何学形态带来的是一种直接的精神性感受。

"方形"与"圆形"是属于人的几何形

"方形"与"圆形"的形态是人类的传统，这种传统自人类开始使用建筑时便存在并一直使用至今，可以说亘古未变。然而问题在于，这样的观念中抽象的"方形"和"圆形"，在今天看来似乎已经被认为是最没有创意的形态。

来自不同民族的任何人，其实都是潜在的数学家。他们的头脑中都有数字存在，以及运用数字去计算的本能。这种本能是超越时空而存在的，并且被无意识地使用着。这种客观性就是我们平时所说的理性。

"方"和"圆"这两种几何形是从世界聚落中呈现出的共性，其存在本身从另一个侧面表明了人类共同拥有它的程度。如果单纯地从物体层面进行考察，可能会获得一些感性的经验，但人的共同性，表明人和人彼此之间的观念和经验可以在一个很高的层面上来完成，而且是持续和不可断的一种状态。

这种超越地域和种族的纯粹几何形态，表达了人类的观念，属于人类观念中几何学的一个重要的组成。

"方"和"圆"是根源性的几何形，其之后的一系列几何形式均为演绎的结果，比如现代计算机的图像处理，无论变化多么丰富的图像，在屏幕上放大到最后，其实都是由一个又一个小的方形像素点所构成的。这个事实再次说明，根源性的形态是单一的，演绎了之后的形态才构成丰富性，并且只有在丰富性当中，才能将隐藏且根源性的东西保持下去。

今天，面对由根源性形态演绎而成的众多丰富形态，加之因由技术进步而使得艺术表现与建筑表现变得更加自由的时候，什么是属于人的精神性表达？什么是属于对自然形态的描述性表达及转换性的描写？这成为我们判定什么是艺术所必备的、隶属于基础中的基础观念。

附录

作者介绍

王昀 博士

1985 年毕业于北京建筑工程学院建筑系 获学士学位
1995 年毕业于日本东京大学 获工学硕士学位
1999 年毕业于日本东京大学 获工学博士学位
2001 年执教于北京大学
2002 年成立方体空间工作室
2013 年创立北京建筑大学建筑设计艺术（ADA）研究中心
　　　担任主任
2015 年于清华大学建筑学院担任设计导师

建筑设计竞赛获奖经历
1993 年日本《新建筑》第 20 回日新工业建筑设计竞赛 获二等奖
1994 年日本《新建筑》第 4 回 S×L 建筑设计竞赛 获一等奖

主要建筑作品
善美办公楼门厅增建、60 平方米极小城市、石景山财政培训中心、庐师山庄、百子湾中学、百子湾幼儿园、杭州西溪湿地艺术村 H 地块会所等

参加展览
2004 年 6 月 "'状态'中国青年建筑师 8 人展"
2004 年首届中国国际建筑艺术双年展

2006 年第二届中国国际建筑艺术双年展

2009 年比利时布鲁塞尔"'心造'——中国当代建筑前沿展"

2010 年威尼斯建筑艺术双年展，德国卡尔斯鲁厄 Chinese Regional Architectural Creation 建筑展

2011 年捷克布拉格中国当代建筑展，意大利罗马"向东方——中国建筑景观"展，中国深圳·香港城市建筑双城双年展

2012 年第十三届威尼斯国际建筑艺术双年展 中国馆等

图书在版编目（ＣＩＰ）数据

观念中的几何形 / 王昀著. -- 北京：中国电力出版社，2019.7
ISBN 978-7-5198-3195-0

Ⅰ.①观… Ⅱ.①王… Ⅲ.①建筑艺术 Ⅳ.①TU-8

中国版本图书馆CIP数据核字(2019)第099504号

出版发行：中国电力出版社
地址：北京市东城区北京站西街19号　100005
网址：http://www.cepp.sgcc.com.cn
责任编辑：王　倩
责任校对：黄　蓓 太兴华
英文翻译：孙　炼
封面设计：方体空间工作室（Atelier Fronti）
版式设计：宁　晶
责任印制：杨晓东
印刷：北京雅昌艺术印刷有限公司
印次：2019年7月北京第1次印刷
开本：889mm×1194mm 32开本
印张：2.875 印张
字数：55千字
印数：1-1000册
定价：48.00元